Diabetes: tratamiento, deporte y alimentación.

Daniel Rastrollo Collantes

José Luis Sánchez Vega

Joaquín Vega Bernal

© Daniel Rastrollo Collantes, José Luis Sánchez Vega, Joaquín Vega Bernal

Editorial: www.lulu.com

ISBN: 978-1-291-13512-1

Fecha de Publicación: 19/10/2012

Este libro va dirigido en especial a todas las personas que padecen esta enfermedad y a sus cuidadores, ya sean personales o profesionales.

El propósito de este libro es hacer llegar a la mayor cantidad de gente posible los conocimientos necesarios sobre a una de las enfermedades crónicas mas comunes y extendidas de la población, y hacerlo de la forma mas comprensible posible.

INTRODUCCIÓN

MEDICIONES Y CONTROL

ALIMENTACION

EJERCICIO FÍSICO

TRATAMIENTO

- HIPOGLUCEMIANTES ORALES
- INSULINOTERAPIA

INTRODUCCIÓN

En este libro procederemos a explicar como intentar controlar una de las enfermedades metabólicas más importantes y extendidas en la población.

Abordaremos el tratamiento de la diabetes a desde tres bases fundamentales. La primera sería el tratamiento farmacológico, la segunda la dieta, y por ultimo el ejercicio.

Un alto porcentaje de los diabéticos tipo 2, llegan a controlar la diabetes tan solo haciendo uso de dieta y ejercicio.

El objetivo es lograr concentraciones normales de glucosa en sangre, con el fin de evitar las complicaciones a las que da origen esta enfermedad.

El principal responsable de llevar a cabo todo lo que aquí se describe es principalmente el propio enfermo, puesto que es quién tendrá que enfrentarse diariamente a su enfermedad.

El tratamiento propiamente dicho, ha de acompañarse por un intento de tener hábitos saludables como llevar una higiene correcta, sobre todo extremando la higiene y el cuidado de los pies. Tanto como evitar los perjudiciales, como dejar de fumar.

La finalidad de todo el tratamiento es evitar las complicaciones derivadas de la diabetes.

Los objetivos principales que deberían alcanzarse son:

- Ausencia de síntomas
- Ausencia de complicaciones tanto agudas como crónicas.
- Igualar la calidad de vida y el tiempo de vida al de una persona sin diabetes.

Aunque a día de hoy el tratamiento perfecto es inalcanzable, el seguir el tratamiento mejorara notablemente la vida del enfermo.

MEDICIONES Y CONTROL

La medición de la glucemia en sangre es el primer punto a tener en cuenta a la hora de llevar a cabo el tratamiento. Esto se realiza a través de la medición de glucemia capilar, también en orina y mediante la hemoglobina glucosilada.

I. La hemoglobina glucosilada se usa para determinar si los niveles de glucosa en sangre han estado en valores normales (120mg/dl) durante un periodo de 2 a 4 meses anteriores a la prueba. Esto permite conocer, si el tratamiento y la dieta, han conseguido la normalización de la glucemia durante largos periodos de tiempo.

La medición de la hemoglobina glucosilada se realiza a nivel hospitalario, y es recomendable su realización de 2 a 4 veces al año.

II. La determinación en orina casi ha caído en desuso debido a la falta de exactitud.

III. Las mediciones capilares en sangre son el método mas usado a día de hoy para la determinación de la glucosa de forma diaria, tanto por el enfermo como a nivel hospitalario. La realización de dicha técnica se lleva a cabo mediante aparatos de medición automática y lancetas para la extracción de la muestra.

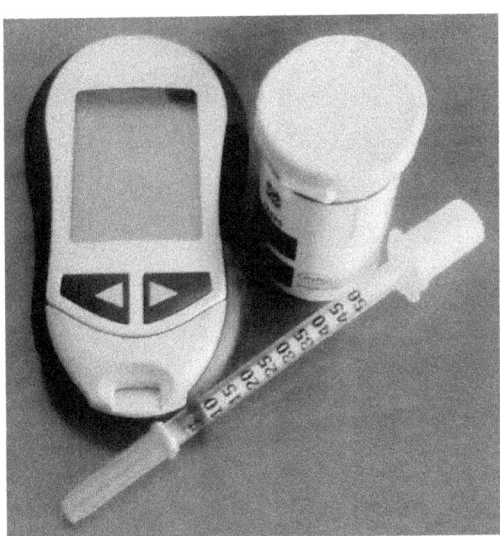

Pasos a seguir para una correcta medición con glucómetro, tira reactiva y lanceta:

1. Desinfección de la zona donde se realizara la punción.

2. Masajear la zona para facilitar el aporte de sangre, y realizar la punción mediante lanceta.

3. Esperar a que aflore la gota de sangre, y realizar la medición acercando la tira reactiva previamente insertada en el glucómetro.

4. Aplicar apósito a la zona de punción y esperar resultado.

Conocer la glucemia capilar de forma rutinaria permite ir realizando modificaciones en la dieta y el tratamiento, evita el riesgo de hipoglucemias, medir la influencia de la actividad sobre la glucemia; y permite en general que el enfermo tenga el control de su enfermedad.

Estas mediciones son imprescindibles en los diabéticos tipo 1, y recomendables en los tipo 2, especialmente en los casos en que necesitan insulina o fármacos orales para el control de la diabetes.

La frecuencia con la que se debe realizar la medición estará determinada por el múltiples factores, pudiendo ir desde una o varias mediciones semanales, a varias mediciones diarias. Es por ello que la frecuencia de los controles ha de ser determinada por el equipo de profesionales sanitarios que dirijan el tratamiento.

	Niveles de Glucemia mg/dl recomendados
Ayunas	80-110
1 hora tras comida	110-180
2 hora tras comida	110-150
2-4 horas tras comida	70-120

Objetivos a conseguir durante el tratamiento.

Otro punto a seguir sería la medición de cuerpos cetónicos, mostrando su presencia, la ausencia de insulina suficiente, y por tanto el mal control de la diabetes.

ALIMENTACION

La dieta es el régimen alimenticio adaptado a la persona, o en este caso enfermo, buscando cumplir unos objetivos concretos.

Debido a las características de cada persona, y en función de lo que se quiera conseguir, el tipo de dieta varía. Es por ello que esta ha de ser diseñada y controlada, por el personal sanitario.

Se recomienda un tipo de alimentación variada igual al de la población general. Se pretende que la dieta sea continuada y respetada a largo plazo por el enfermo, pero también que sea flexible y permita variaciones e incluso puntuales excepciones de la misma, siempre que después se continúe.

Los principales objetivos de una dieta diabética son:

- Nutrición equilibrada, proporcionando todos los nutrientes necesarios al organismo.

- Mantenimiento del peso. En los diabéticos no insulino dependientes obesos, la reducción de peso podría incluso ayudar a retirar el tratamiento farmacológico. Mientras en los diabéticos insulino dependientes jóvenes, se ha se suministrar la cantidad suficiente de calorías para su desarrollo.

- Aportar la energía necesaria para cada momento, en función de la persona, actividad diaria y características del tratamiento a seguir.

- Conseguir el mantenimiento de los niveles de glucosa en sangre cercanos a la normalidad. Evitando así las complicaciones de carácter agudo o crónicas asociadas a la diabetes. Sobre todo las hipoglucemias.

- Controlar los lípidos en sangre para evitar enfermedades cardiovasculares asociadas a la diabetes.

Es necesario el conocimiento de los diferentes grupos alimenticios para poder elaborar una dieta correcta y variada. Esto facilita a su vez que el enfermo elija su propia adaptación de la misma, con una mayor flexibilidad; mejorando la aceptación de la dieta por parte de este.

El origen calórico de los alimentos se divide principalmente en 3 tres grupos:

- Hidratos de carbono. Los subdividiremos en 2 grupos a su vez.

    I. Rápidos. Se digieren deprisa y pasan a la sangre, incrementando rápidamente los niveles de glucosa.
    Es conveniente acompañarlos de otros alimentos.

    II. Lentos. Se digieren más lentamente y aumentan los niveles de glucosa de forma progresiva y sostenida.

Entre los principales alimentos que son transformados en azucares encontramos a los lácteos, los cereales, tubérculos, legumbres, frutas y verduras.

- Grasas. Aportan gran cantidad de calorías.
  Los alimentos con mayor cantidad de grasas son los aceites, mantequillas, nata, quesos, frutos secos y embutidos. Elegiremos preferentemente las grasas de origen vegetal.

- Proteínas. Los principales alimentos ricos en proteínas son las carnes, pescados, huevos y mariscos. Son menos importantes desde el punto de vista calórico para la obtención de energía. Aunque si son muy importantes para otros fines.

Pirámide de los alimentos.

Al menos un 60% de las calorías ingeridas han de provenir de la base de la pirámide, es decir, de pan cereales, pasta, fruta y verduras.

Se ha de tener cuidado con los del pico de la pirámide (grasas, aceites y dulces) para lograr controlar el peso y los niveles de glucosa.

La ingesta calórica total en la dieta ha de ser diseñada en función de la edad, peso y actividad física. En su diseño se ha de realizar un reparto del origen de las calorías en las siguientes proporciones:

- 50% a 60% de las calorías procedentes de los hidratos de carbonos, preferentemente de absorción lenta, los encontramos en alimentos tales como pan, patatas, pasta, cereales y legumbres.

- 20% a 30% de las calorías procedentes de las grasas. Preferentemente del tipo insaturadas.

- 15% a 20% de las calorías procedentes de las proteínas.

No es necesaria la disminución de la cantidad de glúcidos en los diabéticos con peso normal. Solo en caso de obesidad se diseñaría una dieta hipocalórica disminuyendo la cantidad.

Aparte tendríamos en cuenta las vitaminas y minerales, las cuales estarían cubiertas en una dieta normal. Y también entre 30 y 60 gramos de fibra.

A todo ello añadiríamos el agua, sobre unos 2 litros y medio diarios.

La ingesta de dicha dieta es recomendable realizarla a lo largo del día, a través de 5 a 7 tomas, con una distribución equitativa de glúcidos en cada una de ellas, con el objetivo de mantener los niveles en sangre.

La distribución de las calorías se recomienda en torno a estos porcentajes.

- Desayuno. Entre un 15% y 20% de las calorías totales.
- Media mañana. 5% a 15%.
- Almuerzo. 30% a 35%

- Merienda. En torno a un 10%
- Cena. 30%
- Antes de acostarse. 5%

La ingesta de bebidas alcohólicas no esta restringida completamente, pero se debe conocer su efecto hipoglucemiante en ayunas, por la cual se recomienda su consumo con moderación y acompañado de alimentos. Por otro, lado también tienen un aporte calórico importante, produciendo sobrepeso, por lo que se recomienda la elección de las bebidas menos calóricas o azucaras.

Algunas pautas generales dependiendo del tipo de diabetes.

Para diabetes tipo 1.

- Ser más estrictos con los horarios de comidas no saltándose ninguna.
- Intentar comer las mismas cantidades cada día.

- En caso de aumentar la actividad física, aumentar también la ingesta de hidratos de carbono.
- Llevar siempre hidratos de carbono de absorción rápida (azucares).
- Puede tomar bebidas dietéticas.

Para diabetes tipo 2.

- Repartir y espaciar las ingestas de 3 a 5 comidas.
- Aconsejado disminuir la cantidad de pan, y aumentar el de verduras.
- Evitar grasas y alcohol si ha de perder peso.
- Cuidado con el consumo de azucares.
- Disminuir la sal en las comidas.

EJERCICIO FÍSICO

El ejercicio físico es altamente aconsejable, dado que reduce la glucemia debido al consumo por parte del músculo, aumenta la sensibilidad periférica a la glucosa, también reduce el riesgo de enfermedades cardiovasculares disminuyendo el LDL, y ayuda a reducir el peso, en casos de obesidad.

El ejercicio físico no implica un deporte, sino más bien la realización de algún tipo de actividad en la que se realice ejercicio de carácter moderado y constante, y se haga de forma regular.

Se recomienda ejercicios físicos de tipo aeróbicos y resistencia como, anda, correr, bicicleta o nadar. Este tipo de ejercicio disminuye la glucemia, fortalece los músculos, y el sistema cardiovascular.

No se recomiendan ejercicios del tipo anaeróbicos o de fuerza ya que no conllevan el gasto de glucosa, pero si el aumento de la tensión arterial y el pulso. Así mismo no se recomiendan tampoco ningún tipo de ejercicio de riesgo o extremo, que en el caso de hipoglucemia pueda poner en peligro su vida.

El ejercicio también estará contraindicado en diabéticos descompensados o ante la presencia de complicaciones derivadas de la diabetes.

En caso de tirantez, dolor en el pecho, dificultad al respirar o nauseas, se ha de suspender el ejercicio, y acudir a un médico.

Ejercicio en diabéticos tipo 1.

Deben tener un control estricto de la dieta, adaptada al ejercicio, así como de la insulina.

- Realizar el ejercicio siempre de media hora a dos horas después de la última ingesta.

- Adaptación de la ingesta de carbohidratos dependiendo de la intensidad y duración del ejercicio. Siendo necesario la ingesta de los mismos a intervalos de media hora a una hora en caso de ejercicio de carácter muy prolongado.

- Aumento en la ingesta de líquidos antes, durante y tras el ejercicio.

- En necesaria también la adaptación de la dosis de insulina. Disminuyendo las dosis, y teniendo control de la glucemia antes y tras el ejercicio.

Ejercicio en diabéticos tipo 2.

El objetivo principal del ejercicio en diabéticos tipo 2 es la mejora de la sensibilidad a la insulina. Esto se produce mediante ejercicio y la reducción calórica de la dieta.

El ejercicio físico practicado de forma habitual es un excelente regulador de la glucemia en sangre. Permitiendo incluso la reducción de los hipoglucemiantes orales.

El riesgo de hipoglucemias durante el ejercicio en estos pacientes es mínimo.

Se recomienda ejercicio de tipo aeróbico.

Se ha de enseñar al paciente a controlar el pulso cardíaco como síntoma de estrés.

Se recomienda la practica del ejercicio de 3 a 5 veces por semana y realizado durante 15 a 30 minutos, para ir aumentando en duración posteriormente.

El tipo de programa de ejercicio ha de ser personalizado y adaptado a cada persona.

Recomendaciones generales para prevenir las hipoglucemias.

- Evitar la inyección de insulina en la parte a ejercitar.

- No realizar ejercicio durante los picos de niveles de insulina en sangre

- No realizar ejercicio antes de las comidas.

- No tomar bebidas alcohólicas.

- Tomar suplementos alimenticios antes y tras el ejercicio.

- Llevar consigo carbohidratos o dinero para comprar alimentos.

No es recomendable la práctica de deportes en solitario debido al riesgo de hipoglucemias, y es recomendable llevar algún tipo de identificación especificando la enfermedad y el tratamiento.

TRATAMIENTO

HIPOGLUCEMIANTES ORALES

El tratamiento con hipoglucemiantes orales va especialmente dirigido a los diabéticos del tipo no insulino dependientes. Para estos, el principal tratamiento se encuentra en la dieta de tipo hipocalórica y el ejercicio; pero en casos donde no se consiga un control efectivo de la glucemia, o debido a otras complicaciones o causas no puedan conseguirlo, se recurre al tratamiento oral con hipoglucemiantes.

Los principales objetivos de los hipoglucemiantes orales son:

- Normalizar los niveles de glucemia, evitando el riesgo de hipoglucemias e hiperglucemias.

- Conseguir una normalización metabólica.

- Evitar las complicaciones agudas y prevenir las crónicas.

- Mejorar la calidad de vida de los diabéticos.

Tipos de antidiabéticos mas utilizados.

- **Sulfonilureas.** Su efecto es la estimulación de las células del páncreas encargadas de la producción de insulina aumentando su liberación.

- **Biguanidas.** Producen un aumento de la sensibilidad a la insulina, y a su vez disminuyen la producción de glucosa por parte del hígado.

- **Tiazolidindionas.** Producen también el incremento de la sensibilidad a la insulina.

- **Inhibidores de la alfa-glucosidasa.** Su efecto es el de frenar a las enzimas del intestino encargadas de la absorción de los hidratos de carbono. Esto hace disminuir los niveles de glucosa tras las comidas.

INSULINOTERAPIA

La insulina es una hormona natural creada por el propio organismo para regular el metabolismo de los glúcidos, lípidos y proteínas.

Las insulinas de las que disponemos para el tratamiento pueden ser de origen animal, conllevando riesgo de rechazo; pero las más utilizadas a día de hoy son de origen biosintético, con una estructura lo más parecido a la humana.

Disponemos de varios tipos de insulinas, con características distintas en cuanto a duración efecto y comienzo de la acción.

- Insulinas ultrarrápidas. Inicio de acción de 10 a 20 minutos tras su administración. Con un pico máximo entre 1 y 3 horas. Con una duración máxima de 3 a 5 horas.

- Insulina rápida o regular. Este tipo de insulina comienza a actuar de 30 a 60 minutos tras ser administrada. Tiene su pico máximo a las 2 o 3 horas, y tiene una duración de 4 a 6 horas.

- Insulinas de acción intermedia. Existen dos tipo, la NPH y la lenta. Su inicio de acción es de 3 a 4 horas tras ser administrada. Tiene su pico máximo de 4 a 12 horas, y una duración de 16 20 horas.

- Insulinas ultralentas. Inicio de 6 a 8 horas, con pico máximo de 12 a 16 horas; y una duración de 20 a 30 horas.

El personal sanitario es el encargado de diseñar el régimen de pautas de insulina a seguir. Esta pauta a de intentar conseguir imitar, de la forma mas aproximada posible, la producción normal del páncreas.

Las variaciones de la pauta suelen corresponder al número de veces que se administra la insulina, entre 1 y 4 veces diarias; y al tipo de insulina que se administra, pudiéndose utilizar mezcladas entre si para obtener mejores resultados.

La insulina no puede ser administrada de forma oral. La forma intravenosa se reserva para uso hospitalario. La forma principal de administración por el propio paciente, es la vía subcutánea.

Pasos a seguir para una correcta administración de la insulina de forma subcutánea:

- Elección de la zona. Se recomienda cambiar la zona cada día, y durante el día ir desplazándolo entre 1 y 2 centímetros de la anterior punción. Las zonas principales de punción son: El abdomen, los muslos, los brazos y las nalgas.

- Limpieza de la zona elegida para la administración. Con algodón y alcohol.

- Preparación de la insulina. Preparar la dosis a administrar. Esto dependerá de la forma de presentación de la insulina, en jeringa precargada, en jeringa normal o cualquier otra.

- Inyección de la insulina en un ángulo de 90 grados, sobre la piel fijada con la mano mediante un pellizco. Se inyecta de forma lenta y se retira la aguja.

- Se desecha la aguja y se presiona suavemente el lugar de punción.

La insulina es aconsejable guardarla en nevera en caso de no usarse. Se ha de inyectar a temperatura ambiente. Su duración suele estar en torno a un mes fuera de la nevera. Evitar exponerla al calor sobre 40 grados, o al frio a menos de 0 grados.

Bibliografía

- Arias Pérez, Jaime. *Enfermería Médico-quirúrgica I.* Tebar, 2000.

- Bosch, M., Figuerola, D Y Ferrer, R. *Diabetes.* Barcelona: Ed. Masson, 2003.

- Perez Mateo, A Adrián y Sanchez Santos, Carlos. *Atención integral y tratamiento de la diabetes mellitus.* S.I.T.-Cádiz.

- Cruz Arándiga, Rafaela., Batres Sicilia, Juan Pedro., Granados Alba, Alejandro., Castilla Romero, Mª Luisa. *Guía de atención enfermera a personas con diabetes.* Servicio Andaluz de Salud y Asociación Andaluza de Enfermería. 2003

- Esteve, J. Mitjan, J. *Enfermería. Técnicas Clínicas.* 1999. McGraw-Hill. Interamericana.

www.ingramcontent.com/pod-product-compliance
Lightning Source LLC
Chambersburg PA
CBHW070434180526
45158CB00017B/1224